ARARIBÁ PLUS Geografia

CADERNO DE ATIVIDADES 6

Organizadora: Editora Moderna
Obra coletiva concebida, desenvolvida e produzida pela Editora Moderna.

Editor Executivo:
Cesar Brumini Dellore

5ª edição

4. Observe as imagens de dois trechos do Rio Tietê: na sua nascente (à esquerda) e no município de São Paulo (à direita).

- Indique os elementos naturais encontrados na nascente do rio.

_____

_____

_____

- Indique os elementos vistos na imagem acima, introduzidos pela ação humana.

_____

_____

_____

5. Compare as paisagens e descreva suas semelhanças e diferenças.

Semelhanças: _____

_____

Diferenças: _____

_____

SUMÁRIO

UNIDADE 1 — A Geografia e a compreensão do mundo 04

UNIDADE 2 — Cartografia 15

UNIDADE 3 — Relevo 25

UNIDADE 4 — Hidrografia 34

UNIDADE 5 — Clima e vegetação 42

UNIDADE 6 — Atividades econômicas 51

UNIDADE 7 — O espaço urbano 63

UNIDADE 8 — O espaço rural 72

UNIDADE 1 A GEOGRAFIA E A COMPREENSÃO DO MUNDO

RECAPITULANDO

- As paisagens são formadas por elementos naturais (como montanhas, serras, morros, rios, mares e matas) e/ou culturais (como plantações, casas, edifícios, rodovias, pontes e viadutos).

- As paisagens indicam a história das sociedades através do tempo. A construção e a modificação de edificações e os impactos ambientais podem revelar a coexistência do passado e do presente na mesma paisagem.

- As transformações produzidas pelo ser humano na paisagem, muitas vezes, são profundas. Nas grandes cidades, por exemplo, as mudanças foram tão intensas que os elementos naturais são dificilmente percebidos.

- O lugar é o espaço onde vivemos e nos relacionamos com as pessoas e com os objetos que nos rodeiam.

- Cada lugar representa a identidade cultural das pessoas que nele vivem. Essa identidade é revelada nas construções, na organização e nas relações estabelecidas entre os habitantes do lugar.

- As transformações do espaço são feitas pelas pessoas e por ações da natureza.

- A paisagem revela as transformações resultantes do trabalho humano. Por meio do trabalho, as pessoas determinam o modo como se relacionam em sociedade e satisfazem às suas necessidades de moradia, alimentação, lazer, saúde etc.

- As atividades econômicas geram riquezas por meio da exploração de recursos naturais para suprir as necessidades humanas. As principais são extrativismo, agropecuária, indústria, comércio e prestação de serviços.

- O trabalho pode ser exercido nas atividades econômicas por uma grande variedade de profissionais. A divisão social do trabalho é a distribuição dos trabalhadores em diferentes ocupações.

- A divisão territorial do trabalho é a distribuição espacial das atividades econômicas em determinado espaço.

- Dependendo das características do espaço, prevalecem alguns tipos de atividade. Cada atividade econômica precisa de condições específicas para ser exercida.

- Por meio da Geografia, estudamos as relações da sociedade com o espaço, examinando a paisagem e identificando elementos naturais e culturais do passado e do presente e os motivos das transformações.

- As desigualdades sociais e econômicas se manifestam na paisagem por meio da distribuição da população no espaço geográfico.

1. Observe as fotos e complete o diagrama.

Essa é uma paisagem:

_____

Essa é uma paisagem:

_____

Nas paisagens retratadas, os elementos naturais são:

_____

Os elementos modificados pela ação humana são:

_____

Essa é uma paisagem:

_____

Essa é uma paisagem:

_____

2. Observe as paisagens do mesmo local em diferentes épocas e liste os elementos de cada uma delas comparando-os.

- Elementos da paisagem:
  _____
  _____
  _____

- Elementos da paisagem:
  _____
  _____
  _____

- Elementos da paisagem:
  _____
  _____
  _____
  _____

3. Complete o quadro a seguir indicando as transformações nas paisagens e os impactos ambientais causados pela ação humana.

Paisagem	Transformações causadas pela ação humana na paisagem	Possíveis impactos dessa ação
Trabalhadores em uma área de cultivo de eucaliptos, em Rio Brilhante (MS, 2018).		
Lançamento de esgoto no Rio Tapajós, em Itaituba (PA, 2017).		
Área de mineração de ouro, em Poconé (MT, 2017).		
Lixão, em São Félix do Xingu (PA, 2016).		

4. Observe as imagens de dois trechos do Rio Tietê: na sua nascente (à esquerda) e no município de São Paulo (à direita).

- Indique os elementos naturais encontrados na nascente do rio.

- Indique os elementos vistos na imagem acima, introduzidos pela ação humana.

_____

_____

_____

5. Compare as paisagens e descreva suas semelhanças e diferenças.

Semelhanças: _____

_____

Diferenças: _____

_____

6. Observe os arredores da sua escola, desenhe as principais características dessa paisagem e indique os elementos introduzidos pela ação humana.

- Elementos introduzidos pela ação humana na paisagem:

  _____

  _____

  _____

7. Ligue cada definição à respectiva atividade econômica.

Retirada de minérios, petróleo, gás, madeira e alimentos da natureza.	Indústria
Fabricação de produtos com utilização de matérias-primas.	Agropecuária
Compra e venda de produtos em feiras, lojas, *shoppings* etc.	Extrativismo
Cultivo do solo para obtenção de matérias-primas para as indústrias e criação de animais.	Prestação de serviços
Realização de serviços para atender a variadas necessidades das pessoas.	Comércio

8. No diagrama abaixo, encontre palavras ou expressões relacionadas ao conceito de lugar.

C	H	A	T	P	V	B	B	R	W	M	E	J	R	B	D	B
W	O	Z	O	S	M	T	V	P	C	D	P	M	E	K	H	I
U	J	M	V	Q	M	K	Q	R	A	G	M	L	L	J	J	E
C	T	N	É	M	R	G	T	D	E	B	O	G	A	Y	U	G
D	P	H	I	R	Q	P	I	F	U	H	U	B	Ç	J	A	H
O	E	M	H	G	C	T	A	T	D	O	L	K	Õ	Q	V	I
W	C	H	U	E	N	I	W	E	A	Y	O	L	E	M	B	M
D	W	C	Y	E	M	U	O	M	R	I	A	J	S	N	L	N
J	W	H	D	S	Z	C	O	P	Z	U	S	T	H	M	O	Q
H	M	I	C	Y	R	K	U	J	O	B	O	E	U	X	X	A
A	G	L	D	N	O	M	O	L	B	P	R	C	M	X	G	F
P	P	A	L	I	N	D	S	V	T	Q	U	K	A	H	T	B
F	O	N	A	I	D	I	T	O	C	U	F	L	N	P	Q	V
C	Y	V	Q	Q	M	U	B	T	N	B	R	P	A	K	W	Z
B	D	G	W	I	K	M	F	I	Q	Q	U	A	S	R	U	I

9. Complete os textos abaixo.

A identidade cultural dos lugares e das sociedades que habitam neles pode ser revelada por meio de _____
_____
_____
_____
_____.

Essa identidade evidencia _____
_____
_____
_____
_____
_____.

10. Preencha as lacunas do texto com os seguintes termos:

> ser humano   natureza   significado   espaço   paisagem   lugar

O _____ é o resultado da relação do _____ com a _____. Quando vemos a _____, percebemos seus elementos naturais e culturais. O _____ é um local que tem _____ para as pessoas que nele vivem.

11. Escreva como as atividades econômicas retratadas nas imagens contribuem para a transformação do espaço.

_____
_____
_____
_____
_____

12. Assinale a alternativa que completa corretamente a afirmação.

- O espaço geográfico é modificado:

a) pelos espaços não ocupados pelas sociedades humanas.

b) pela natureza, sem influência das ações humanas.

c) pela ação dos seres humanos e da natureza através do tempo.

d) pela ação humana, sem influência das ações naturais.

e) pelas atividades de indústria e extrativismo, somente.

13. Os produtos que consumimos e os lugares que frequentamos resultam do trabalho de muitas pessoas em diferentes locais. Como podemos perceber na paisagem as transformações resultantes do trabalho humano?

_____
_____
_____
_____
_____
_____

14. Classifique as alternativas em verdadeiras (V) ou falsas (F) e reescreva corretamente a(s) falsa(s).

a) (　) A divisão territorial do trabalho é feita de acordo com a ocupação de cada habitante em determinado lugar.

b) (　) A distribuição espacial das atividades econômicas é chamada de divisão territorial do trabalho.

c) (　) As características da organização da sociedade e sua relação com o espaço influenciam o tipo de atividade econômica desenvolvida em determinadas áreas, configurando a divisão territorial do trabalho.

d) (　) No Brasil não há divisão espacial das atividades econômicas.

_____
_____
_____
_____
_____

15. Complete as lacunas do texto com os seguintes termos:

> trabalho   profissionais   espaço   modificações

O _____ é definido pela variedade de atividades e de _____: professores, jardineiros, padeiros, agricultores, motoristas, pedreiros, enfermeiros etc. Se, por exemplo, um trabalhador da construção civil pode fazer algumas _____ no _____, imagine a capacidade de transformação por meio do trabalho de todos os habitantes do planeta!

16. O objetivo principal do estudo da Geografia é:
a) a compreensão de mapas.
b) o exame das paisagens utilizando ferramentas da engenharia.
c) a delimitação de lugares por meio de leis.
d) a memorização do nome de cidades, estados e países.
e) o estudo do espaço geográfico.

17. Descreva as principais características das imagens abaixo, identificando desigualdades sociais no espaço geográfico.

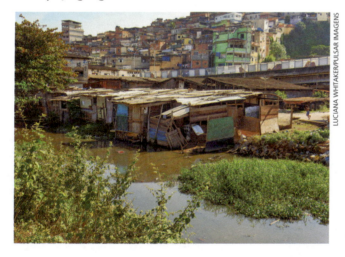

_____
_____
_____
_____

18. Como as pessoas manifestam sua cultura e seus valores morais, religiosos e políticos no espaço geográfico?

_____
_____
_____
_____
_____

19. Qual é a alternativa incorreta sobre a Geografia e a análise do espaço? Justifique sua resposta.

a) A Geografia é a ciência que estudamos para compreender as relações entre a sociedade e o espaço.

b) Por meio da análise geográfica, investigamos e compreendemos principalmente quando e como os elementos da paisagem foram criados e transformados.

c) Por meio da Geografia, é possível identificar a variedade de ambientes e entender como os seres humanos alteram o espaço.

d) A análise do espaço pela Geografia se resume à altura, à profundidade e ao tamanho de determinada área.

e) Para entender as dinâmicas do espaço geográfico, é preciso compreender as transformações feitas pelos seres humanos em diferentes períodos.

_____
_____
_____
_____
_____

20. Complete as lacunas utilizando os seguintes termos:

> privilégios   espaço geográfico   desigualdades socioeconômicas
> contrastes   relações humanas   transformações

As _____ podem ser analisadas por meio das _____ do _____. Para isso, devem-se considerar as _____.

Numa paisagem, é possível observar os _____ sociais, que revelam os _____ de uma parcela restrita da população.

UNIDADE 2 CARTOGRAFIA

RECAPITULANDO

- O espaço geográfico é representado graficamente por meio de mapas, globos e plantas.

- O desenvolvimento tecnológico possibilitou a obtenção de imagens e informações da superfície terrestre por meio do sensoriamento remoto.

- As imagens de satélite são captadas por satélites artificiais lançados na órbita da Terra.

- Com base na posição do Sol ao amanhecer e ao anoitecer, são definidas as direções cardeais: norte (N), sul (S), leste (L) e oeste (O).

- O núcleo do planeta Terra é formado basicamente de ferro e níquel. Por isso, funciona como um grande ímã, e seus campos de força atuam em direção aos extremos norte e sul. Essa força de atração possibilita o funcionamento da bússola.

- Os paralelos são linhas imaginárias. O Equador é o principal e divide o planeta em Hemisfério Norte e Hemisfério Sul.

- Os meridianos são linhas imaginárias do Polo Norte ao Polo Sul. O principal deles é o de Greenwich, que corresponde a 0° e, juntamente com o meridiano 180°, divide a Terra em Hemisfério Leste e Hemisfério Oeste.

- As latitudes vão de 0° a 90° para o norte e para o sul, a partir da linha do Equador. As longitudes variam de 0° a 180° para leste e para oeste, a partir do Meridiano de Greenwich.

- O globo terrestre é a representação mais fiel da forma da Terra, mas não permite a observação simultânea de todos os continentes e oceanos.

- Planisfério é a representação da superfície terrestre em um plano onde se pode observar todos os continentes e oceanos de uma só vez.

- Os mapas possuem símbolos para a representação dos elementos da realidade, além da escala, que indica a proporção entre as distâncias reais e as representadas.

- Os mapas políticos representam a divisão territorial de países, estados e municípios e os mapas físicos representam elementos naturais do território, como rios, oceanos e relevo.

- As informações de temas característicos como turismo, transporte, atividades econômicas, distribuição da população são representadas em mapas temáticos.

1. Complete o diagrama.

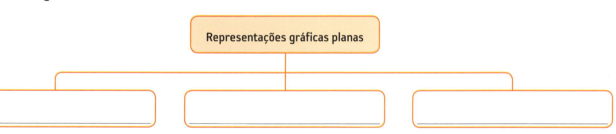

2. Qual é a tecnologia utilizada para obter imagens da superfície terrestre a distância? Quais são os principais equipamentos usados na obtenção de imagens com o emprego dessa tecnologia?

_____

_____

3. Descreva cada imagem e a técnica utilizada para obtê-la.

Cartografia e tecnologia

_____

_____

_____

4. O que significa a sigla GPS? Como o GPS funciona?

_____

_____

_____

5. Complete as lacunas utilizando os seguintes termos:

> planeta   conhecimento   utilização   internet   imagens de satélite

Com o GPS, os mapas se tornaram mais acessíveis. Por meio da _____,

acessamos _____ de praticamente toda a superfície do _____.

O mapeamento da superfície terrestre é importante para o _____ e a

_____ do território.

6. Complete a rosa dos ventos abaixo com as direções cardeais e as direções colaterais.

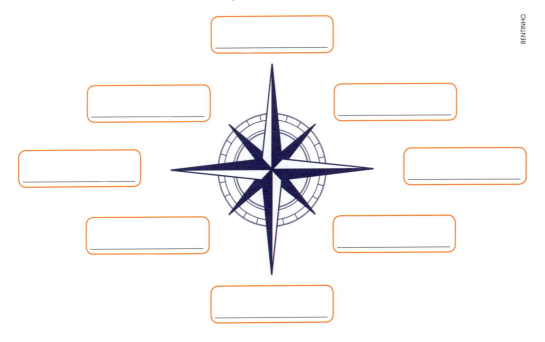

7. Responda às questões sobre a bússola.

O que é?	
De que partes é feita?	
Como funciona?	

8. Preencha os esquemas a seguir sobre os meridianos e os paralelos.

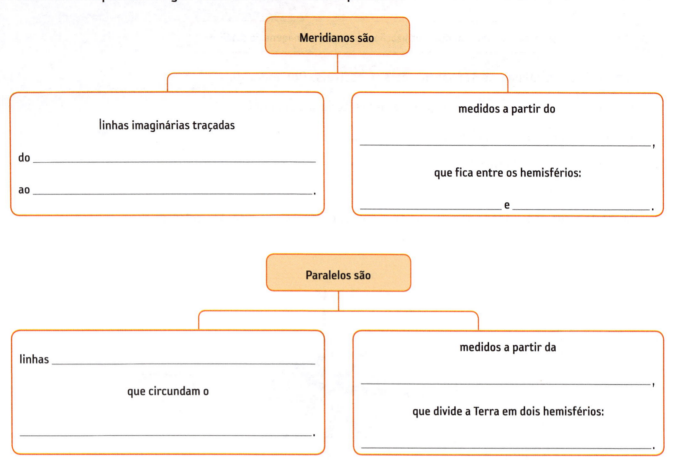

9. Assinale a alternativa incorreta sobre as características do globo terrestre e a reescreva com as informações corretas.

a) É uma representação tridimensional em formato esférico.

b) É o tipo de representação menos fiel em relação à forma da Terra, pois é esférico.

c) Nele, é possível representar a distribuição dos oceanos e continentes.

d) É a representação mais exata do planeta Terra por ter formato esférico, ainda que o planeta não seja uma esfera perfeita.

e) Ao observá-lo, é possível notar a forma dos continentes.

_____

_____

_____

_____

_____

_____

10. Complete o diagrama.

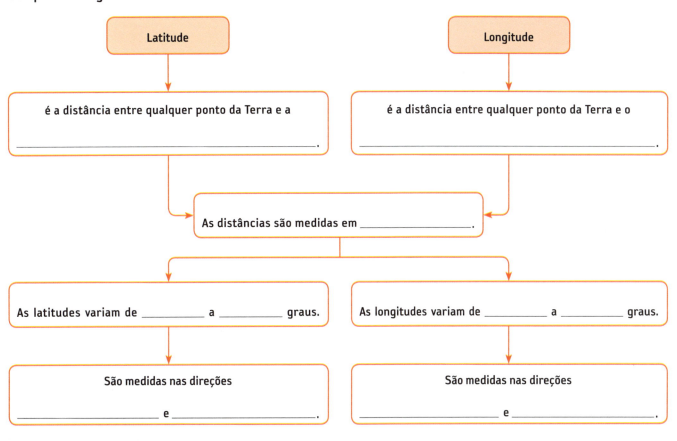

11. Responda às questões sobre o planisfério.

a) O que é?

b) Explique por que essa representação apresenta distorções.

c) O que pode ser observado em um planisfério?

12. Nomeie as principais projeções cartográficas representadas nas imagens abaixo.

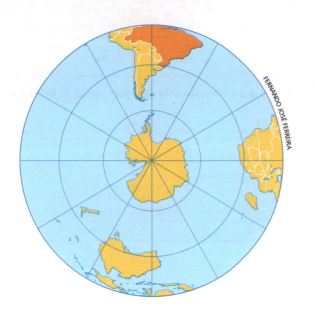

_____

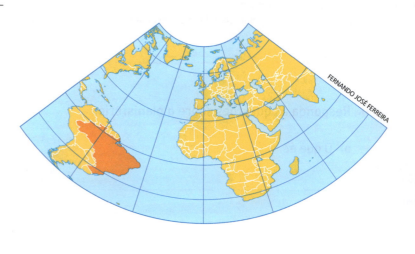

_____

_____

13. Complete os quadros com as características das escalas gráfica e numérica.

A escala gráfica tem forma de _____ e indica _____ .	A escala numérica indica _____ .

1 : 100.000 significa que cada centímetro do mapa equivale a _____ .

14. Indique a função dos elementos do mapa.

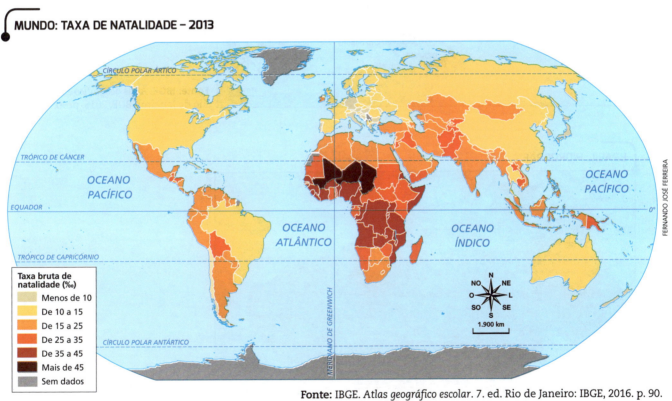

MUNDO: TAXA DE NATALIDADE – 2013

Fonte: IBGE. *Atlas geográfico escolar.* 7. ed. Rio de Janeiro: IBGE, 2016. p. 90.

- Título: _____.
- Rosa dos ventos: _____.
- Legenda: _____.
- Escala: _____.
- Fonte: _____.

15. Escreva o tipo de cada mapa e para que é utilizado.

BRASIL: UNIDADES POLÍTICO-ADMINISTRATIVAS

Fonte: IBGE. Atlas geográfico escolar. 7. ed. Rio de Janeiro: IBGE, 2016. p. 90.

BRASIL: HIDROGRAFIA

Fonte: IBGE. Atlas geográfico escolar. 7. ed. Rio de Janeiro: IBGE, 2016. p. 105.

BRASIL: TURISMO

Fonte: IBGE. *Atlas geográfico escolar.* 7. ed. Rio de Janeiro: IBGE, 2016. p. 139.

16. Explique o que é um croqui e faça um que represente os arredores da escola em que você estuda.

17. Complete o diagrama indicando a função dos principais símbolos cartográficos.

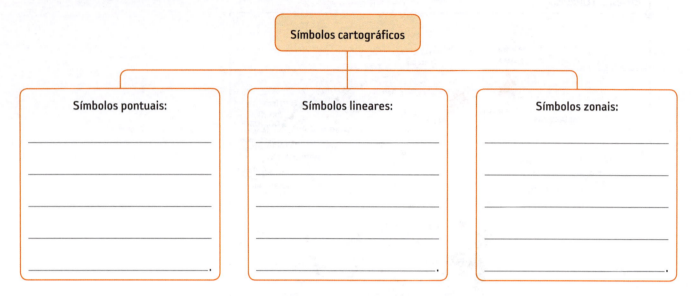

18. Complete o esquema.

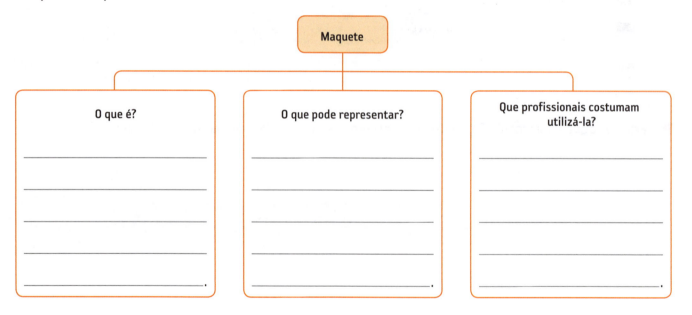

19. Complete as lacunas do texto com os termos a seguir.

| proporções | bairros | projetos de construções | pequenas | planejamento urbano | planas | imóveis |

As plantas são representações _____ de _____ áreas, como _____ ou _____. Utilizadas para _____, são importantes para conhecer e estudar os impactos das transformações no espaço. Também são usadas para representar _____, por arquitetos e engenheiros, por exemplo.

Nessas representações, são respeitadas as _____.

UNIDADE 3 RELEVO

RECAPITULANDO

- De acordo com a teoria do *Big Bang*, uma grande explosão cósmica originou os primeiros elementos do Universo, os quais, ao longo de bilhões de anos, formaram as galáxias, os corpos celestes que vagam pelo espaço, além dos planetas e da matéria encontrada neles.

- A formação do planeta Terra teve início nesse processo de expansão do Universo há cerca de 4,6 bilhões de anos.

- A estrutura interna da Terra é constituída por três camadas principais: a crosta, o manto e o núcleo.

- Com base em evidências, o cientista alemão Alfred Wegener desenvolveu a teoria da deriva continental, segundo a qual os continentes atuais são originários de apenas um: a Pangeia.

- A crosta terrestre é dividida em vários fragmentos encaixados como um imenso quebra-cabeça: as placas tectônicas. Elas se deslocam sobre o manto, aproximando-se ou afastando-se umas das outras.

- As correntes de convecção levam os materiais mais quentes das partes profundas do manto para perto da base da crosta. Ao se aproximarem da crosta, esfriam e descem, dando lugar aos materiais mais quentes que estão subindo, ocasionando pressão na parte inferior das placas, que, assim, se movem.

- As falhas e as divisões das placas são causadas pela pressão da matéria quente. Pelas falhas ocorre o extravasamento de magma, o qual se solidifica e forma as rochas que constituem a crosta.

- Os terremotos acontecem na Terra há milhões de anos. Eles são resultado das atividades tectônicas e contribuem para a transformação do relevo, levantando ou afundando terrenos.

- A atividade vulcânica ocorre quando a placa tectônica sofre ruptura e o material quente expelido do manto sobe e se transforma em rocha, podendo formar montanhas, planaltos vulcânicos e ilhas.

- O intemperismo causa a desagregação e a decomposição das rochas pela ação dos agentes externos. Esse fenômeno pode ser físico ou químico.

- A erosão, processo de desgaste das rochas e transporte do material desgastado, pode ser pluvial, fluvial, marinha, glaciária, eólica e acelerada.

- As formas da superfície da Terra têm altitudes e inclinações variadas, que influenciam a ocupação e a produção do espaço geográfico.

- Os planaltos são terrenos de altitude relativamente elevada e desgastados pela ação do vento e das águas das chuvas e dos rios.

- As áreas com altitude inferior à das áreas vizinhas são as depressões, que podem ser relativas ou absolutas.

- As planícies são superfícies pouco acidentadas e localizam-se predominantemente nas margens de rios e no litoral, em áreas de baixa altitude.

1. Complete as lacunas do texto com os termos a seguir.

> planetas   corpos celestes   4,6 bilhões   *Big Bang*   planeta Terra   galáxias

De acordo com a teoria do _____, que explica a formação do Universo, uma grande explosão cósmica originou _____, _____ e _____, ou seja, toda a matéria do espaço. O _____ se originou há cerca de _____ de anos e passa por transformações no seu interior desde então.

2. O que representa o tempo geológico da Terra? Por que as grandes modificações do relevo terrestre, como a formação de montanhas, não são percebidas pelos seres humanos em um curto período de tempo?

_____
_____
_____
_____
_____

3. Classifique as alternativas em verdadeiras (V) ou falsas (F) e reescreva corretamente a(s) falsa(s).

a) (   ) Ainda há muitas restrições tecnológicas para alcançar as camadas mais profundas do planeta Terra.

b) (   ) Os cientistas nunca conseguiram obter informações sobre o interior do planeta Terra.

c) (   ) A mais profunda escavação feita pelo ser humano alcançou 13 dos 6.400 quilômetros de profundidade, que é a distância da superfície até o centro da Terra.

d) (   ) A Terra é formada por duas camadas principais: a crosta e o núcleo.

_____
_____
_____
_____
_____

4. Complete o esquema.

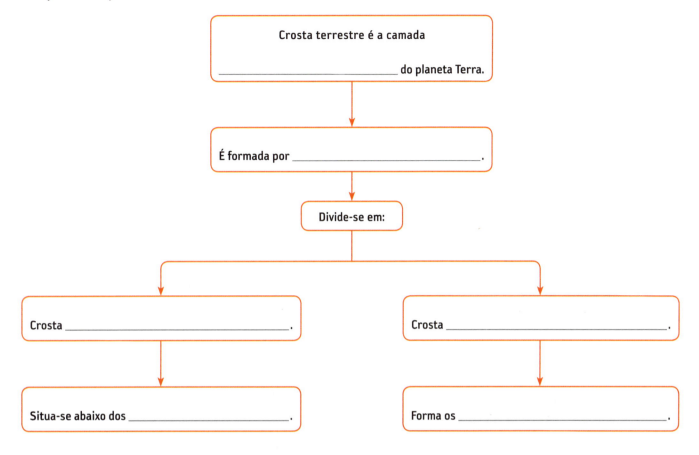

5. Identifique cada camada da ilustração da estrutura interna da Terra pintando-a de acordo com a legenda.

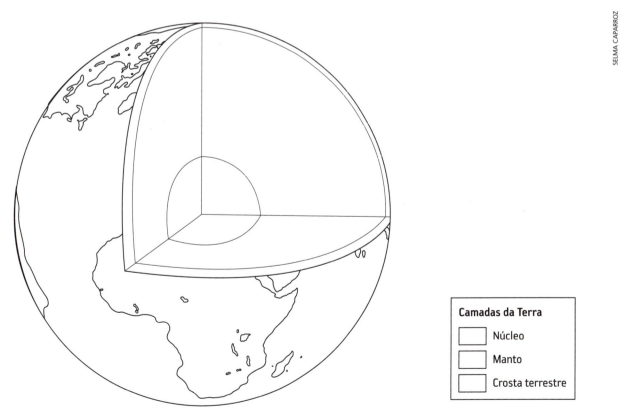

6. Complete o quadro com as informações correspondentes.

O cientista alemão Alfred Wegener desenvolveu a teoria da	_____ .
De acordo com essa teoria, os continentes atuais originaram-se de	_____ .
Wegener chegou a essa conclusão após observar que	_____ .
Outras evidências encontradas nos continentes que confirmam essa teoria são	_____ .

7. Complete o esquema.

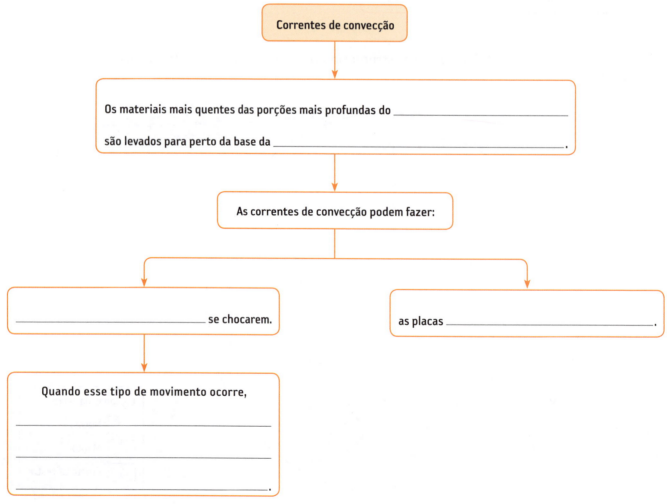

8. Classifique e descreva os tipos de limite de placas, de acordo com as ilustrações.

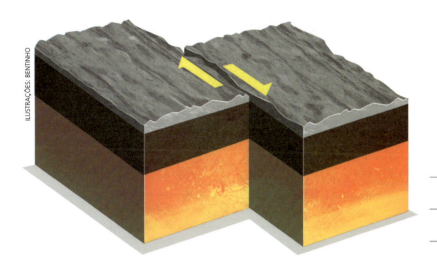

_____
_____
_____

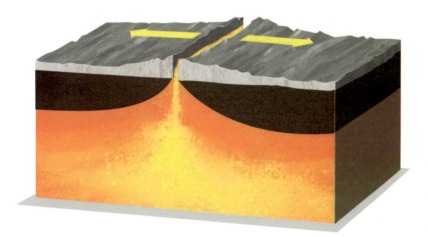

_____
_____
_____

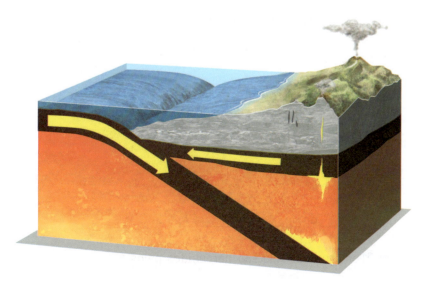

_____
_____
_____

9. Ordene as afirmações sobre o processo de origem das cordilheiras mesoceânicas, numerando-as de 1 a 3.

( ) O magma se solidifica e forma rochas da crosta terrestre.

( ) A pressão exercida pela matéria quente na base da crosta produz falhas.

( ) O magma sobe e extravasa por fendas.

10. Em que condições ocorre a formação de falhas transformantes? Qual é o exemplo mais conhecido dessa falha?

_____

_____

_____

_____

_____

_____

11. Complete o esquema.

```
                    ┌──────────────┐
                    │  Tectonismo  │
                    └──────┬───────┘
                           ↓
   ┌─────────────────────────────────────────────────┐
   │  Manifestação de forças _____ da Terra.  │
   └─────────────────────────┬───────────────────────┘
                             ↓
   ┌─────────────────────────────────────────────────┐
   │  O choque entre placas tectônicas pode formar   │
   │  _____ a partir do enrugamento ou│
   │  _____ do relevo nas bordas das  │
   │  placas.                                        │
   └─────────────────────────────────────────────────┘
```

12. Complete as frases sobre os terremotos.

a) São vibrações na _____ causadas pelo movimento das _____.

b) Ocorrem na Terra há _____.

c) Contribuem para a formação e a _____ do _____.

d) Os _____ podem registrar os tremores que não são percebidos pelos seres humanos.

13. Complete o diagrama com informações sobre o vulcanismo.

O vulcanismo refere-se à erupção de _____.

Ocorre quando a placa tectônica sofre uma _____.

O magma sai com alta _____.

O material expelido se _____ e se _____ em rocha.

14. Complete o esquema com a caracterização dos tipos de intemperismo.

Tipos de intemperismo

Físico	Químico
_____	_____
_____	_____
_____	_____
_____	_____
_____	_____
_____	_____
_____	_____
_____	_____

15. Complete as lacunas.

O solo corresponde a uma camada de terra com presença de _____ vivos.

É constituído por processos _____, _____ e _____. Ele pode sofrer um processo chamado _____, em que há desgaste de rochas e transporte do material desgastado. Quando o material removido é depositado em novo local, ocorre um processo chamado _____.

16. Complete os diagramas.

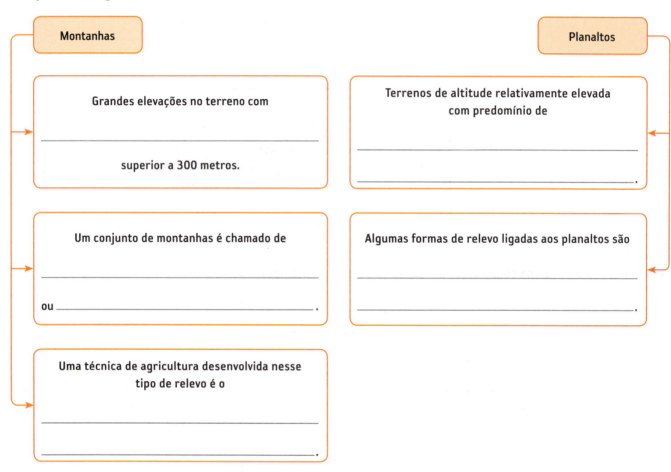

17. Caracterize as três principais formas de relevo submerso.

_____
_____
_____
_____
_____
_____

18. Complete os diagramas.

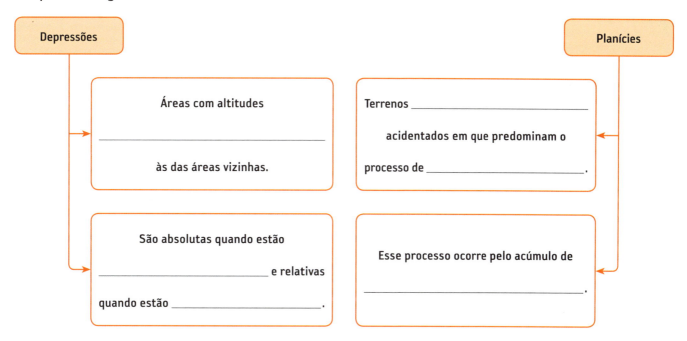

19. Assinale a alternativa correta e, em seguida, responda à questão.

As formas de relevo predominantes no litoral e constituídas principalmente pelo processo de sedimentação são:

a) as montanhas.
b) as planícies.
c) as depressões.
d) os planaltos.

- Qual é o processo predominante nas formas de relevo das outras alternativas?

_____
_____
_____
_____

20. O que é perfil topográfico? Explique a importância do seu uso.

_____
_____
_____
_____
_____

UNIDADE 4 HIDROGRAFIA

RECAPITULANDO

- O volume constante de água do planeta passa por mudanças de estado: sólido (gelo), líquido (água) e gasoso (vapor de água). Esse processo de transformação e circulação constitui o ciclo hidrológico.

- O Oceano Pacífico localiza-se entre a América, a Ásia e a Austrália (Oceania). É o maior do planeta, cobrindo um terço da superfície terrestre.

- O Oceano Atlântico se localiza entre a América, a África e a Europa. É o segundo maior do mundo, com grande fluxo de navegação e de comunicação.

- O Oceano Índico se situa entre a África, a Ásia e a Austrália (Oceania). Terceiro maior do mundo, é rota de navios petroleiros que partem do Oriente Médio.

- O Oceano Glacial Ártico está no norte da América, da Europa e da Ásia. Apresenta baixas temperaturas e fica congelado durante grande parte do ano. É onde se localiza o Polo Norte.

- Os oceanos e mares são usados para o sustento das sociedades. Nas suas áreas costeiras se concentram 45% da população mundial.

- A pesca é uma atividade desenvolvida nos oceanos, assim como a exploração do sal marinho. Há também a exploração de petróleo e gás natural e a obtenção de energia elétrica e eólica, com técnicas sofisticadas.

- As diferentes atividades humanas causam impacto na biodiversidade dos mares e oceanos, como a poluição pelo despejo de esgoto e de dejetos industriais e pela sobrepesca.

- Os rios são fluxos naturais de água doce que se originam de fontes subterrâneas, chuva ou derretimento de geleiras, percorrendo da maior altitude, onde está a nascente, para a menor altitude, até a foz.

- Um terço da água doce dos continentes é subterrânea. Quando chega à superfície, essa água forma as nascentes dos rios e dos lagos.

- Os lagos são gerados pelo acúmulo de água nas áreas mais rebaixadas de um terreno, decorrentes de rios, fontes subterrâneas, chuvas ou derretimento de geleiras.

- As geleiras ou glaciares são extensões de gelo formadas em regiões de altitude elevada ou em zonas polares.

- Na agricultura, em especial na irrigação de lavouras, utilizam-se cerca de 70% da água do consumo mundial. A atividade é responsável pela contaminação das águas superficiais e subterrâneas.

- A indústria é o segundo setor que mais consome água (cerca de 19% do consumo mundial), contaminando os cursos de água com resíduos industriais.

- O uso doméstico representa 11% do consumo de água.

1. Complete o esquema.

2. Complete as lacunas do texto com os termos a seguir.

> atmosfera   infiltra   mares   transpiração   oceanos   evaporar   rios

Parte da água que se _____ no solo pode ser absorvida pelas plantas, que, depois de utilizá-la, a devolvem para a _____ por meio da _____.

A água também pode _____ ou escoar pelo solo e abastecer os _____, que deságuam em _____ e _____, reiniciando o ciclo.

3. Classifique as alternativas em verdadeiras (V) ou falsas (F) e reescreva corretamente a(s) falsa(s).

a) (　) Toda a água disponível no planeta é salgada e está nos oceanos e mares.

b) (　) A água dos oceanos é considerada salgada por causa da concentração de sais dissolvidos nela.

c) (　) Oceano é uma grande massa de água salgada que cobre a maior parte da superfície terrestre, no interior dos continentes.

_____
_____
_____

4. Caracterize os tipos de mar.

Mar fechado	Mar aberto	Mar interior
Exemplo:	Exemplo:	Exemplo:

5. Preencha o diagrama.

Oceanos do planeta Terra

Oceano Pacífico

Localização: _____

_____.

É uma importante rota de navegação entre os países do continente _____ e os _____

_____, maior economia do mundo.

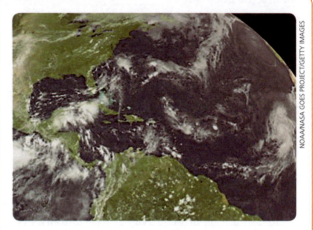

Oceano Atlântico

Localização: _____

_____.

De norte a sul, destaca-se _____

_____, uma ampla cordilheira submarina.

Oceano Glacial Ártico

Localização: _____

_____.

Suas águas apresentam baixas temperaturas e, parte delas, permanece _____ durante todo o ano.

Oceano Índico

Localização: _____

_____.

É o terceiro maior oceano do mundo e tem sua maior parte localizada no Hemisfério _____.

6. Aponte a alternativa incorreta sobre a exploração econômica dos oceanos e mares. Depois, reescreva-a corretamente.

a) Os oceanos e mares são importantes para o sustento e o desenvolvimento das sociedades.

b) A pesca é uma das mais antigas atividades humanas. Pode ser artesanal ou industrial.

c) A indústria da pesca provê alimento para os seres humanos e matéria-prima para a produção de ração animal.

d) A exploração do sal marinho é uma atividade recente dos seres humanos, pouco praticada no mundo.

e) A exploração de petróleo e gás natural pode ser realizada sob águas marinhas.

_____
_____
_____
_____

7. Quais são as três maneiras de obter energia dos oceanos e mares a partir da movimentação de suas águas?

_____
_____
_____
_____
_____
_____

8. Complete as lacunas do texto utilizando os termos a seguir:

> transporte   pesca   atividades   energia   indústria   turismo

Várias _____ são realizadas nos oceanos e mares. São exemplos a exploração de algas para uso na _____ cosmética (fabricação de pigmentos), a _____ industrial ou artesanal, o _____ de pessoas e mercadorias, o _____ e a produção de _____.

9. Preencha o esquema.

10. Complete o diagrama com formas de poluição das águas marinhas.

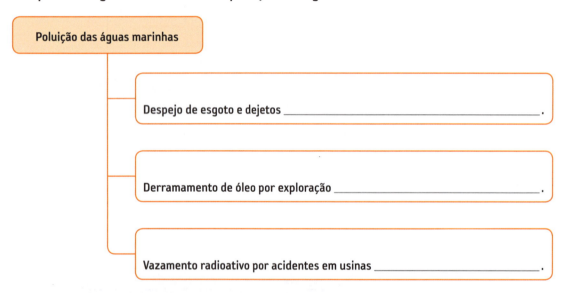

11. Complete o quadro sobre os rios.

São cursos naturais de	São muito importantes para as sociedades humanas, pois	Suas águas se originam de
_____	_____	_____

12. Complete as lacunas do texto com os termos a seguir:

> lago   foz   menor altitude   oceano   maior altitude   nascente   mar

Os rios fluem das áreas de _____, onde está a _____,

para as de _____, até a _____. Podem desaguar em

um _____, um _____, um _____

ou até mesmo em outro rio.

13. Complete o diagrama respondendo às questões.

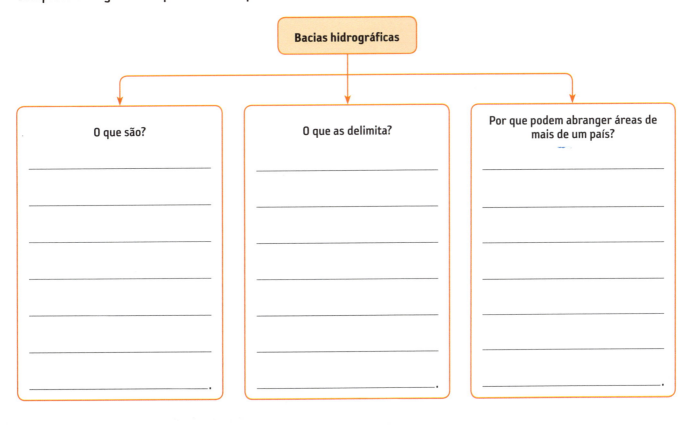

14. O que é regime fluvial? Como ele interfere na dinâmica dos rios?

_____
_____
_____
_____
_____

15. Complete o esquema.

```
                    Águas subterrâneas
                            │
    Reservatórios de água formados
    _____ da superfície.
                            │
    A água fica armazenada sob camadas de
    rocha _____.
                            │
         ┌──────────────────┴──────────────────┐
         ▼                                     ▼
   Aquíferos livres:                    Aquíferos confinados:
   _____                     _____
   _____                     _____
   _____                     _____
   _____                     _____
   _____                     _____
   _____.                    _____.
```

16. Preencha o esquema abaixo com informações sobre a água doce.

- É distribuída no planeta de modo _____.

- Apenas nove países concentram 60% da água doce disponível no mundo. Eles são: _____ _____ _____.

- Fatores que levam à escassez de água doce são _____ _____ _____.

- Pode se tornar escassa em países com abundância de água, pois _____ _____ _____.

17. Classifique as alternativas em verdadeiras (V) ou falsas (F) e reescreva corretamente a(s) falsa(s).

a) (   ) A água é considerada um "solvente universal", pois pode dissolver substâncias presentes na crosta terrestre, como os minerais.

b) (   ) Todos os elementos dissolvidos nos mares, oceanos, lagos e águas subterrâneas tornam a água própria para o consumo humano.

c) (   ) A quantidade de sais diluídos nos mares, oceanos e alguns lagos e aquíferos torna a água salgada e imprópria para o consumo humano.

d) (   ) Alguns países realizam a dessalinização, que é um processo de aumento de sal na água com custo reduzido.

_____
_____
_____
_____

18. A Organização das Nações Unidas (ONU) reconheceu em 2010 que o acesso à água potável é essencial para concretizar os direitos humanos. Por que o acesso aos recursos hídricos é precário para grande parte da população mundial?

_____
_____
_____
_____

19. Complete o esquema.

Uso da água

Agricultura
Utiliza cerca de _____ da água consumida no mundo, sendo utilizada na _____ _____.
Contamina as águas superficiais e subterrâneas por meio do uso de _____ _____.

Indústria
Utiliza cerca de _____ da água consumida no mundo.
Contamina as águas por meio de _____ _____.

Doméstico
Utiliza cerca de _____ da água consumida.
Contamina as águas por meio de _____ _____.

UNIDADE 5 CLIMA E VEGETAÇÃO

RECAPITULANDO

- Os movimentos de rotação e translação são os principais movimentos realizados pela Terra e ajudam a explicar a existência dos dias e das noites, a variação das temperaturas durante o ano e os variados tipos de vegetação.
- O clima é resultado da combinação de elementos climáticos, como temperatura, umidade e pressão atmosférica, e também de fatores geográficos, como altitude, latitude, maritimidade e continentalidade.
- O efeito estufa é um fenômeno natural que aquece as camadas atmosféricas inferiores, retendo o calor da superfície do planeta. A ação humana intensifica o efeito estufa através da liberação de alguns gases, como o gás carbônico.
- A diversidade de florestas varia de acordo com a umidade e temperatura. As florestas equatoriais e tropicais estão presentes em regiões da América Central, América do Sul, África e no Sudeste Asiático.
- As florestas temperadas e subtropicais são nativas da Europa, do nordeste dos Estados Unidos e de parte do Japão.
- Nas florestas boreais (taiga ou florestas de coníferas) predominam formações homogêneas.
- A vegetação do clima mediterrâneo é formada por plantas rasteiras, arbustos e árvores de pequeno porte.
- As savanas são compostas de arbustos, plantas rasteiras e poucas árvores.
- As pradarias são formadas por gramíneas e arbustos. As estepes também são constituídas por gramíneas e pequenos arbustos.
- A vegetação de deserto é formada por gramíneas e arbustos.
- A vegetação de altitude tem o desenvolvimento das espécies vegetais limitado pelo ar rarefeito e pelas baixas temperaturas.
- A tundra, localizada em regiões polares, é formada por musgos, liquens e plantas rasteiras.
- As florestas tropicais e equatoriais são importantes para o equilíbrio do clima no mundo. Elas favorecem a infiltração da água da chuva no solo e a manutenção de reservatórios subterrâneos.

1. Complete os quadros sobre os movimentos da Terra.

Movimento de rotação

Como é? _____

O que ele determina? _____

Movimento de translação

Como é? _____

O que ele determina? _____

2. Preencha o esquema informando onde se forma cada tipo de massa de ar.

Massa de ar quente e úmida	Massa de ar quente e seca

Massa de ar fria e úmida	Massa de ar fria e seca

3. O que são frente fria e frente quente? Qual é a diferença entre elas?

4. Complete as lacunas do texto sobre a formação do clima.

O clima de determinada região é consequência de elementos _____,
que são temperatura do ar atmosférico, a umidade e a pressão atmosférica, e de fatores
_____. A temperatura tem relação com a _____,
que se distribui de forma desigual pela superfície terrestre. A umidade está ligada à presença
de _____ na atmosfera. A pressão atmosférica é exercida pela atmosfera
sobre tudo o que está na _____ da Terra. A diferença de pressão atmosférica entre dois lugares dá origem aos _____ e ao deslocamento
das _____.

5. Assinale as alternativas verdadeiras com V e as falsas com F. Depois, corrija as falsas.

a) (   ) O efeito estufa é um fenômeno provocado pelos seres humanos que causa o resfriamento das camadas atmosféricas mais inferiores.

b) (   ) O aquecimento das camadas atmosféricas mais próximas do solo ocorrem por causa da retenção do calor irradiado pela superfície do planeta.

c) (   ) Algumas atividades humanas são responsáveis pela liberação de gases de efeito estufa, responsáveis pela retenção do frio na baixa atmosfera. O principal deles é o gás hélio.

d) (   ) O crescimento da atividade industrial e da queima de combustíveis fósseis para mobilizar máquinas e automóveis é responsável pela liberação de enormes quantidades de gás carbônico na atmosfera.

_____
_____
_____
_____
_____

6. Preencha as lacunas do texto sobre as determinantes do clima.

> temperatura   incidência de calor   massas de ar   movimentação   correntes marítimas

Os climas são determinados pelas diferenças na _____ que cada região do
planeta recebe do Sol. Os climas também sofrem influência da _____ das
_____, de fatores geográficos, como altitude, latitude, maritimidade
e continentalidade, e das _____, que podem ser quentes ou frias,
influenciando na _____ dos lugares por onde passam.

7. Complete os quadros.

Clima equatorial	Clima tropical	Clima subtropical
Onde ocorre? _____	Onde ocorre? _____	Onde ocorre? _____
Principais características: _____	Principais características: _____	Principais características: _____

8. Complete o quadro a seguir.

	Área de ocorrência	Características
Clima frio de montanha		
Clima frio		
Clima polar		

9. Assinale a alternativa incorreta e corrija-a.

a) O clima temperado é característico das áreas situadas entre os trópicos e os círculos polares.

b) O clima temperado possui estações do ano bem definidas, com temperaturas entre −3 °C e 18 °C.

c) O clima temperado ocorre em grandes áreas da América do Norte, na Europa e na Ásia e em áreas menores na América do Sul, na África e na Oceania.

d) O clima mediterrâneo recebe influência da continentalidade, com verões úmidos e invernos secos com temperaturas altas.

e) O clima mediterrâneo está presente no sul da Europa e norte da África, sul do continente africano e da Oceania, oeste da América do Norte e da América do Sul.

_____
_____
_____

10. Preencha os quadros.

Clima semiárido	Clima desértico
Características: _____ _____ _____ _____	Características: _____ _____ _____ _____
Em que áreas também apresenta baixas temperaturas? _____ _____ _____	Onde ocorre? _____ _____ _____ _____

11. O que é vegetação nativa? Por que pode haver variados portes e diversificação de espécies?

_____
_____
_____
_____
_____

12. Complete o diagrama.

```
                        Florestas
       ┌───────────────────┼───────────────────┐
```

Equatorial e tropical

Onde ocorrem? _____
_____
_____

Quais são suas características?
_____
_____
_____
_____

Qual é o seu estado de preservação?
_____
_____
_____
_____

Temperada e subtropical

Onde ocorrem? _____
_____
_____

Quais são suas características?
_____
_____
_____
_____

Qual é o seu estado de preservação?
_____
_____
_____
_____

Boreal (taiga ou floresta de coníferas)

Onde ocorre? _____
_____
_____

Quais são suas características?
_____
_____
_____
_____

Qual é o seu estado de preservação?
_____
_____
_____
_____

13. Preencha os quadros.

Pradarias

Características: _____
_____
_____

Onde ocorrem: _____
_____
_____
_____

Uso e preservação: _____
_____
_____

Estepes

Características: _____
_____
_____
_____

Onde ocorrem: _____
_____
_____

14. Preencha os quadros.

O **clima mediterrâneo** caracteriza-se por...	
As plantas do clima mediterrâneo são...	
O clima mediterrâneo ocorre principalmente...	

As **savanas** se localizam...	
Nas áreas de savanas, as estações...	
A vegetação das savanas é constituída de...	

15. Preencha o diagrama com as principais características de cada tipo de vegetação.

```
                    Tipos de vegetação
          ┌───────────────┼───────────────┐
Vegetação de altitude │ Vegetação de deserto │ Tundra
```

16. Preencha as lacunas do texto.

Os seres humanos usam os _____ para a sua sobrevivência e seu desenvolvimento. Muitos desses recursos são adquiridos por meio da _____, que provê alimentos e madeira, por exemplo. A utilização irresponsável desses recursos ameaça muitos ambientes naturais. As queimadas e o desmatamento para a criação de _____ degradam o solo nas florestas, savanas e pradarias. No Brasil, o _____ é um tipo de savana desmatado, sobretudo, para a criação de gado e o cultivo de soja. A exploração de madeira é também uma ameaça às florestas, principalmente quando essa exploração é feita de maneira _____.

17. Por que as florestas tropicais e equatoriais são importantes para o equilíbrio do clima no planeta?

_____
_____
_____
_____
_____

18. Responda às perguntas.

Como é o solo nas áreas florestadas?	Por que a retirada da vegetação pode comprometer a infiltração de água no solo?	Se o ritmo atual de desmatamento continuar, o que poderá acontecer?

19. Preencha os quadros com os tipos de uso permitidos em cada grupo de Unidades de Conservação.

Unidades de Uso Sustentável	Unidades de Proteção Integral

20. Preencha o quadro respondendo às perguntas.

Por que a fiscalização das Unidades de Conservação e o combate ao desmatamento ilegal são tarefas complicadas?	
O que é certificação florestal?	
Como identificar uma madeira certificada?	
O que é ecoturismo?	

UNIDADE 6 ATIVIDADES ECONÔMICAS

RECAPITULANDO

- Recursos naturais são os elementos da natureza que podem ser usados pelas pessoas. Os renováveis podem ser repostos pela natureza ou pelos humanos. Os não renováveis ou esgotáveis não podem ser repostos ou têm um ritmo de reposição natural muito lento.
- As fontes de energia renováveis são: eólica, solar, geotérmica, biomassa e o movimento das águas aproveitado para geração de hidreletricidade.
- As atividades econômicas são divididas nos setores primário (agricultura, pecuária e extrativismo), secundário (atividades industriais e construção civil) e terciário (comércio e serviços).
- Extrativismo é a atividade de extração de elementos da natureza para obtenção de alimentos, para a prática do comércio ou para a confecção de produtos.
- O extrativismo pode ser vegetal (extração de recursos vegetais), animal (caça e pesca) e mineral (extração de minerais metálicos ou não metálicos).
- A agropecuária abrange a agricultura e a pecuária. A agroindústria é o conjunto de atividades de transformação de matérias-primas da agricultura e da pecuária.
- A Primeira Revolução Industrial se iniciou na Inglaterra, no século XVIII. Destacaram-se a indústria têxtil e o uso do carvão mineral como fonte de energia. Desenvolveram-se as comunicações, os transportes, a ciência e tecnologia.
- Na Segunda Revolução Industrial, no século XIX, teve início o uso da eletricidade e do petróleo. Foram inventados o motor a combustão, o automóvel, o telefone e o telégrafo, e desenvolveram-se as indústrias siderúrgica, automobilística e petroquímica.
- Na Terceira Revolução Industrial, no século XX, desenvolveram-se a eletrônica e a informática, as telecomunicações, a internet, a engenharia genética e as indústrias química, eletrônica e aeroespacial, com a robotização da produção.
- As indústrias podem ser extrativas, de beneficiamento, de construção civil ou de transformação, leves ou pesadas, de bens de produção, de bens de capital ou de bens de consumo, e podem ser de alta tecnologia ou tradicionais.
- O comércio concentra a maior parcela da população economicamente ativa (PEA).
- O comércio interno é realizado em território nacional, varejista ou atacadista. O comércio externo é realizado entre países. A diferença de valores entre as exportações e as importações se reflete na balança comercial do país.

1. Complete as lacunas do texto abaixo.

> águas   sociedades   consumo   industrial   minerais   transformados
> econômicas   solos   natureza   necessidades   plantas

Recursos naturais são os elementos da _____ utilizados para atender às variadas _____ humanas. Os _____, as _____, os _____ e as _____ são exemplos de recursos naturais fundamentais para o desenvolvimento das _____. Esses recursos são _____ com diversas finalidades. A sociedade _____ potencializou a exploração dos recursos naturais para a expansão das atividades _____ e do _____.

2. Preencha o esquema.

```
                    Recursos naturais
```

Inesgotáveis ou permanentes	Renováveis	Não renováveis ou esgotáveis
O que são? _____ _____ _____ _____ Exemplos: _____ _____ _____ _____ _____	O que são? _____ _____ _____ _____ Exemplos: _____ _____ _____ _____ _____	O que são? _____ _____ _____ _____ Exemplos: _____ _____ _____ _____ _____

3. Complete o quadro.

Carvão mineral	Qual foi a sua finalidade durante séculos?	_____
	Em que período passou a ser a principal fonte de energia?	_____
	Em qual atividade econômica?	_____
	Como a energia da queima do carvão era aproveitada na indústria?	_____
	Hoje, o carvão é utilizado como fonte para produção de que tipo de energia?	_____

Energia nuclear	Para que é utilizada?	
	Que tipo de resíduo é produzido pelos elementos utilizados na geração desse tipo de energia?	
	Como deve ser feito o descarte dos resíduos das usinas nucleares?	
Petróleo	A partir de que ano e em que país passou a ser intensamente explorado como fonte de energia?	
	Qual indústria teve maior impulso na produção e na utilização em larga escala dessa fonte de energia?	
	É uma matéria-prima utilizada na produção de quais produtos?	
	Quais são os nomes dados à extração feita em campos petrolíferos localizados em terra e no mar?	
Gás natural	Quais são seus principais usos?	
	Por que é usado como fonte alternativa de abastecimento de veículos?	
Termeletricidade	Como é obtido esse tipo de energia?	

4. Complete o esquema, explicando cada tipo de fonte de energia.

Fontes de energia renováveis

Eólica

_____
_____
_____

Solar

_____
_____
_____

Geotérmica

_____
_____
_____

Biomassa

_____
_____
_____

Hidreletricidade

_____
_____
_____

5. Complete os quadros com as atividades de cada setor da economia.

Setor primário	Setor secundário	Setor terciário

6. Preencha o diagrama, explicando cada termo destacado.

Extrativismo

- **Extrativismo vegetal**
- **Extrativismo animal**
- **Extrativismo mineral**

7. Escolha um produto consumido em sua moradia cuja produção exemplifique a interdependência dos três setores da economia. Desenhe ou cole imagens que representam as etapas de produção e comercialização desse produto e explique o que é feito em cada uma delas.

Produto: _____

Etapa realizada no setor primário

Etapa realizada no setor secundário

Etapa realizada no setor terciário

8. Responda às questões.

a) O que é agricultura?

_____
_____

b) Quais são as condições naturais necessárias para a produção agrícola?

_____
_____
_____

c) Quais são os sistemas de produção agrícolas e como se caracterizam?

_____
_____
_____
_____
_____
_____
_____
_____

9. Classifique as alternativas como verdadeiras (V) ou falsas (F) e reescreva corretamente as falsas.

a) (   ) A agricultura de subsistência é praticada em pequenas propriedades.

b) (   ) Na agricultura de subsistência utilizam-se técnicas modernas, maquinário sofisticado e mão de obra familiar.

c) (   ) O principal objetivo da agricultura familiar é atender às necessidades alimentares do núcleo familiar, e o excedente da sua produção é vendido para o mercado local.

d) (   ) A agricultura comercial é realizada em pequena escala e somente abastece os mercados consumidores nacionais.

e) (   ) A agricultura comercial emprega tecnologia, máquinas, fertilizantes e agrotóxicos e tem alta produtividade.

_____
_____
_____

10. Complete as lacunas do texto abaixo com os termos do quadro.

> qualificada   pecuária   propriedade agrícola   elevar   agricultura   matérias-primas   alta tecnologia

A empresa agrícola é uma organização econômica e comercial que administra uma grande _____ utilizando _____ no processo de produção. Emprega mão de obra _____ para _____ sua produtividade. A agroindústria é um conjunto de atividades de transformação de _____ procedentes da _____ e da _____, e geralmente os produtos são industrializados em local próximo ao de cultivo.

11. Complete o esquema.

Pecuária

O que é? _____

_____

_____

Pecuária extensiva

Principais características: _____

_____

_____

_____

Pecuária intensiva

Principais características: _____

_____

_____

_____

12. Qual é a diferença entre o artesanato e a manufatura? O que o desenvolvimento da manufatura propiciou?

_____

_____

_____

_____

_____

_____

_____

13. Complete o diagrama.

```
                    Revoluções industriais
      ┌──────────────────┼──────────────────┐
Primeira Revolução    Segunda Revolução   Terceira Revolução
    Industrial            Industrial          Industrial

Quando ocorreu? ____   Quando ocorreu? ____  Quando ocorreu? ____
_____  _____  _____

Características: ___   Características: ___  Características: ___
_____  _____  _____
_____  _____  _____
_____  _____  _____
_____  _____  _____
_____  _____  _____
```

14. Complete o quadro abaixo.

Forma de produção	Principal atividade	Principais produtos
Indústria extrativa		
Indústria de beneficiamento		
Indústria de construção civil		
Indústria de transformação		

15. Explique os tipos de indústria de acordo com cada classificação.

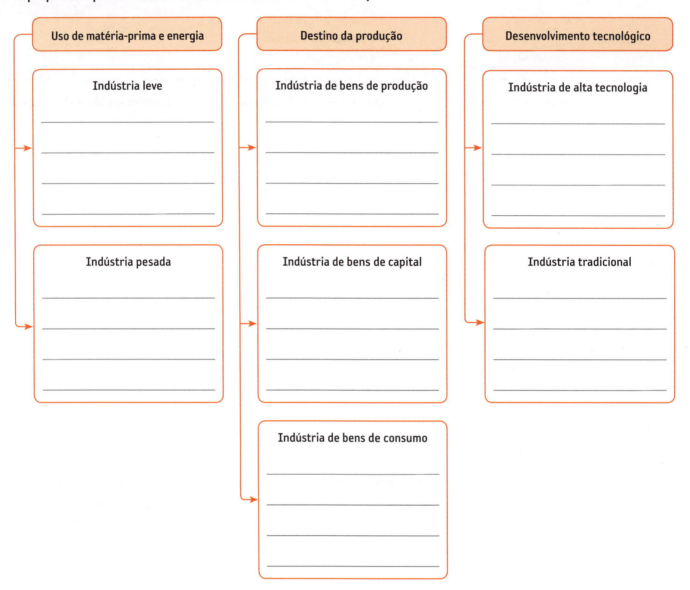

16. Complete as lacunas do texto utilizando as palavras do quadro.

> transporte   urbanas   minérios   rurais   madeira   desmatamento   energia

As indústrias dependem de recursos retirados da natureza, como a _____

e os _____. A extração desses recursos modifica intensamente as paisagens.

Em muitos casos, a instalação de fábricas ou galpões nas áreas _____ ou

nas áreas _____ ocorre após o _____ de extensas áreas,

modificando a organização espacial dos lugares. As indústrias também necessitam da instalação

de infraestruturas de _____, como rodovias, ferrovias, portos e aeroportos,

e de _____, que pode ser obtida de várias fontes.

17. Classifique as alternativas em verdadeiras (V) ou falsas (F) e reescreva corretamente as falsas.

a) ( ) O comércio é a atividade do setor terciário da economia que consiste estritamente na compra de mercadorias.

b) ( ) Atualmente, o comércio absorve pequena parcela da população economicamente ativa (PEA).

c) ( ) O dinamismo econômico de uma sociedade aumenta a variedade de atividades comerciais.

_____
_____
_____

18. O que é comércio interno? Quais são as duas formas de comércio?

_____
_____
_____

19. Diferencie os tipos de comércio.

Comércio varejista	Comércio atacadista
As mercadorias são vendidas _____ _____ _____ _____	As mercadorias são vendidas _____ _____ _____ _____

20. Assinale a alternativa incorreta e corrija-a.

a) No comércio varejista e no atacadista são utilizadas inovações tecnológicas.

b) As áreas de comunicação e informática são importantes para aumentar as vendas e difundir os produtos no comércio varejista e no atacadista.

c) Os meios de comunicação e a informática são empregados no comércio varejista e no atacadista para ampliar os negócios.

d) Hoje é possível vender e comprar produtos sem sair de casa ou do escritório, pela internet ou pelo telefone.

e) A utilização de cartões de crédito e do serviço de correios dificulta o comércio a distância e não é uma prática difundida atualmente.

_____
_____
_____

21. Responda às questões a seguir.

a) O que é comércio externo ou internacional?

___

b) Qual é a sua importância para os países?

___

c) O que são importação e exportação?

___

d) O que é balança comercial?

___

e) Quando a balança comercial é positiva? E quando é negativa?

___

UNIDADE 7 O ESPAÇO URBANO

RECAPITULANDO

- As cidades são locais de aglomeração de pessoas e de construções. Podem ser pequenas, com poucos habitantes, ou grandes centros habitados por milhões de pessoas.
- As metrópoles são grandes áreas urbanas e importantes polos financeiros, industriais e culturais.
- As megacidades são centros urbanos com mais de 10 milhões de habitantes.
- As cidades globais são polos financeiros e industriais que influenciam outras cidades ao redor do mundo. Nelas, há muita oferta e demanda de bens e serviços.
- A urbanização é o processo de crescimento da população nas cidades e expansão de sua infraestrutura (como ruas, iluminação e abastecimento de água).
- Atualmente, a população urbana representa mais de metade da população mundial. No Brasil, oito em cada dez habitantes vivem em cidades.
- A concentração de atividades industriais, comerciais e de serviços nas áreas urbanas atrai a população rural para as cidades.
- Nas cidades, há espaços com diversas funções e características, como moradias, estabelecimentos comerciais, indústrias e áreas de lazer.
- Os espaços públicos são administrados pelo governo e acessíveis a toda a população. Exemplos: parques, praças e ciclovias. Os espaços privados são de propriedade particular, com acesso restrito e entrada regulada pelo proprietário.
- O "centro da cidade" pode ser o centro geográfico da área urbana, o centro comercial e financeiro ou o centro histórico. As periferias estão nos arredores dos centros urbanos e concentram a maior parte da população de baixa renda.
- As condições de vida nas cidades estão sujeitas a vários fatores que dependem da ação de governantes, além do modo como são feitas a ocupação e a utilização do espaço urbano pela população.
- As moradias precárias nas cidades têm relação com a desigualdade social: milhões de famílias vivem em condições de pobreza nas áreas urbanas.
- A concentração de veículos e fábricas, além de outras atividades em que há a queima de combustíveis fósseis, provoca a liberação de grande quantidade de substâncias poluentes na atmosfera.
- O esgoto não tratado contamina córregos, rios e nascentes, e a ocupação irregular das margens de rios e represas causa poluição e prejudica o abastecimento de água nas cidades.
- A pavimentação das áreas urbanizadas e o acúmulo de lixo interferem no escoamento da água da chuva, que se acumula na superfície e causa alagamentos.
- As ilhas de calor ocorrem nas regiões das cidades em que há poucas áreas com vegetação, provocando o aquecimento da camada de ar mais próxima ao solo.

1. Classifique as alternativas em verdadeiras (V) ou falsas (F).

a) (   ) Quando os espaços de algumas cidades se conectam, ocorre o fenômeno denominado conurbação.

b) (   ) As megacidades são centros urbanos com 5 milhões de habitantes, no mínimo.

c) (   ) As cidades globais influenciam outras cidades ao redor do mundo.

d) (   ) As metrópoles e os municípios do entorno formam as chamadas regiões metropolitanas.

2. Relacione as colunas.

a) Atividades econômicas.   ( ) A situação econômica da população e a distribuição da riqueza são refletidas nos elementos da paisagem, como tipos de moradia e infraestruturas.

b) Tamanho da cidade.   ( ) O espaço urbano é habitado por pessoas de diferentes culturas, o que resulta na existência de diferentes elementos culturais na paisagem.

c) Idade das construções.   ( ) Nas cidades, a concentração de fábricas e o trânsito de carga pesada caracterizam as áreas industriais; o fluxo intenso de pessoas e a presença de lojas, bancos e *shoppings* caracterizam as áreas comerciais.

d) Aspectos culturais.   ( ) O clima e o relevo influem na paisagem e nas construções das cidades, e os moradores se adaptam a essas características.

e) Aspectos socioeconômicos.   ( ) Nas cidades, pode haver prédios e casas históricos e antigos e também construções modernas e recentes.

f) Aspectos naturais.   ( ) Há pequenas cidades, com poucos habitantes, e grandes centros urbanos, onde moram milhões de pessoas.

3. A imagem de satélite mostra a mancha urbana formada pela cidade de São Paulo e as áreas urbanas dos municípios vizinhos. Explique o fenômeno que caracteriza essa junção de áreas urbanas de diferentes municípios.

___
___
___

4. Responda às questões a seguir.

a) O que são megacidades? Cite uma megacidade brasileira.

_____

_____

_____

b) Segundo as estimativas, em que continentes se localizará a maior parte das megacidades que serão formadas até 2030?

_____

_____

5. Responda às questões para completar o diagrama.

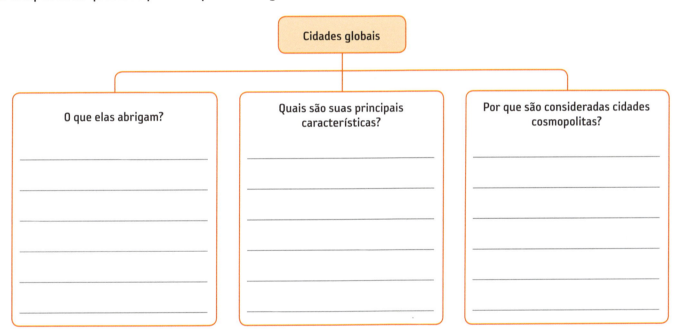

6. Complete as lacunas do texto com as palavras abaixo.

> aspecto   infraestrutura   rural   urbanização   aglomeração   urbana

A _____ corresponde ao processo de aumento da população _____ e de diminuição da população _____ em um país ou região, com _____ de habitantes nas cidades. O termo também é utilizado para designar o conjunto de obras de _____, como a construção de ruas, iluminação e sistema de esgoto. As características do processo de concentração populacional interferem no _____ das cidades e de seus bairros.

7. Comente a evolução da população urbana no mundo entre 1950 e 2016.

_____
_____
_____
_____

8. Classifique as alternativas em verdadeiras (V) ou falsas (F) e reescreva corretamente as falsas.

a) (   ) Em 1950, a população urbana representava 90% da população mundial.

b) (   ) Desde 1950, a urbanização ocorre de forma rápida no mundo.

c) (   ) Hoje, a população urbana representa uma parte reduzida da população mundial.

d) (   ) A tendência é de que a população urbana supere a população rural no mundo todo.

e) (   ) No Brasil, um em cada dez habitantes vive em cidades.

_____
_____
_____
_____
_____

9. Indique os principais fatores que motivam o deslocamento das pessoas que vivem no campo para as cidades.

_____
_____
_____
_____

10. Complete o quadro.

As cidades atraem a população rural porque concentram:	
Houve no Brasil um grande movimento migratório em direção ao Sudeste causado pelo:	

11. Assinale a alternativa incorreta e corrija-a.

a) Nas cidades há variados espaços, que são utilizados pelos habitantes segundo suas funções e características.

b) A concentração de atividades industriais, comerciais e de serviços nas áreas urbanas atrai a população rural para as cidades.

c) O espaço urbano de todas as cidades tem apenas a função de moradia.

d) No espaço urbano, há áreas mistas, com residências e estabelecimentos comerciais, por exemplo.

e) O aspecto das cidades e de seus bairros varia de acordo com o número de habitantes e a infraestrutura construída para atender às necessidades da população.

_____
_____

12. Identifique o tipo de espaço representado em cada imagem e responda às questões sobre ele.

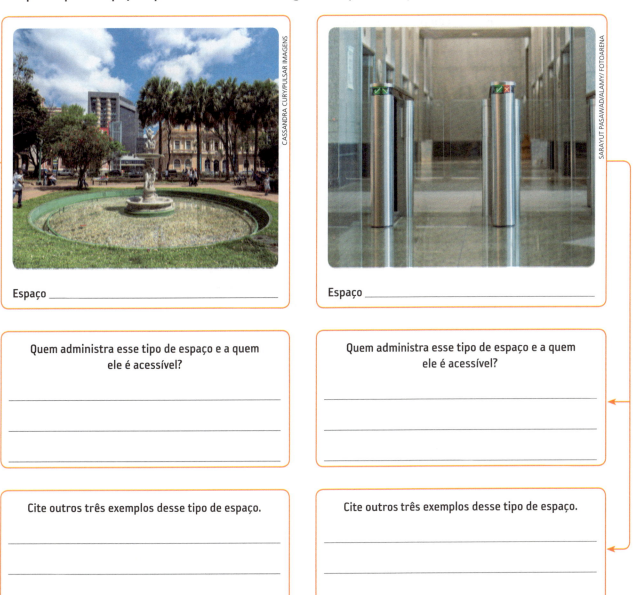

Espaço _____

Quem administra esse tipo de espaço e a quem ele é acessível?

_____
_____
_____

Cite outros três exemplos desse tipo de espaço.

_____
_____
_____

Espaço _____

Quem administra esse tipo de espaço e a quem ele é acessível?

_____
_____
_____

Cite outros três exemplos desse tipo de espaço.

_____
_____
_____

13. Caracterize centro e periferia.

Centro	Periferia
_____	_____

14. Relacione as colunas para completar as frases.

a) Serviços de educação e saúde

b) Serviços de saneamento básico

c) Os estabelecimentos de saúde e educação

d) O acesso ao saneamento básico

(   ) precisam ser bem distribuídos pelo espaço urbano, disponíveis e em quantidade suficiente para atender os habitantes.

(   ) evita contaminações e proliferação de doenças.

(   ) são serviços públicos fundamentais para garantir a qualidade de vida dos habitantes.

(   ) englobam abastecimento de água potável, coleta de lixo e coleta e tratamento de esgoto, entre outros.

15. Complete as lacunas do texto com os termos abaixo.

> ambientais   lazer   interação   infraestrutura
> linhas de ônibus   ciclovias   desloca   coletivo

Constituem a mobilidade urbana as circunstâncias em que a população se _____ no espaço urbano. Quando as cidades são grandes, as opções de transporte _____ devem ser variadas. Os centros urbanos precisam, ainda, de _____ para os meios de transporte alternativos, como as _____ . No Brasil, os principais meios de locomoção da população urbana são as _____ . O acesso a espaços de cultura e _____ , como cinemas, teatros, museus, estádios e eventos culturais, é muito importante para a _____ entre os habitantes da cidade. As praças, parques, jardins botânicos, áreas de proteção ambiental e ruas arborizadas são fundamentais para manter boas condições _____ nas cidades e também são espaços de convivência.

16. Observe a imagem e responda às questões.

| Qual é o problema urbano apresentado na foto? | No geral, qual é o tipo de área ocupada por essas moradias? | Essas áreas têm sempre as mesmas características? Explique. |

17. Complete o quadro abaixo.

Nas cidades grandes e médias, há três graves problemas relacionados ao transporte urbano:	
Os problemas de transporte nos países em desenvolvimento são acentuados pela carência de:	
A concentração de veículos nas cidades provoca três tipos de poluição:	

18. Complete o diagrama abaixo com as causas de cada tipo de poluição presente nas cidades.

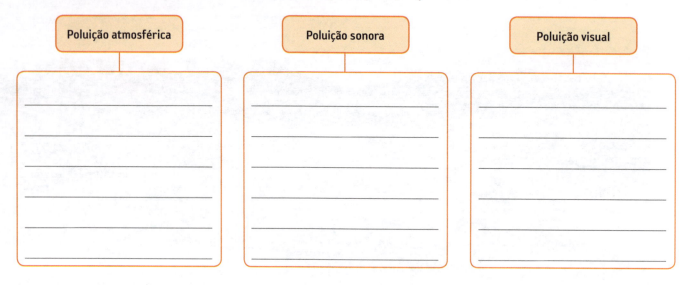

19. Assinale a alternativa falsa e reescreva-a corretamente.

a) Milhões de habitantes sofrem com a falta de saneamento básico.

b) O esgoto não tratado contamina córregos, rios e nascentes.

c) A pavimentação das áreas urbanizadas e o acúmulo de lixo estimulam a absorção da água pelo solo, evitando alagamentos.

d) A ocupação ilegal das margens de rios e represas intensifica a poluição e afeta o abastecimento de água.

e) O consumo de água contaminada causa doenças e mortes em áreas urbanas.

_____
_____
_____

20. O que é ilha de calor? Quais são os principais fatores que explicam a ocorrência desse fenômeno?

_____
_____
_____
_____
_____
_____
_____

21. Complete o texto com os termos a seguir.

| irrigação | militares | governo | políticos | meio natural | cidade-Estado |
| unidade política | alimentos | aldeias | autossuficiente | camponeses |

A cidade como centro político

As primeiras cidades foram centros _____ e religiosos. Nelas, viviam nobres, sacerdotes, _____ e profissionais envolvidos na manutenção de uma _____, como um império ou uma _____. Na cidade ficava a sede do _____, que controlava as _____ próximas. Nas aldeias vivia a maior parte da população: os _____, que eram responsáveis pela produção de _____.

Intervenções no _____, como canais de _____, barragens e aterramentos, eram planejadas para que a cidade fosse _____.

22. Complete o esquema caracterizando cada tipo de destinação do lixo.

Aterros sanitários	Aterros controlados	Lixões

Estações de triagem	Usinas de compostagem

23. O Brasil se destaca pela reciclagem de que material? Qual é o destino desse material após a reciclagem?

_____
_____

UNIDADE 8 O ESPAÇO RURAL

RECAPITULANDO

- O campo é o espaço rural, onde são realizadas predominantemente atividades do setor primário, como a produção de alimentos e de matérias-primas.

- Grande parte da alimentação consumida pela população provém da agricultura, e um em cada três trabalhadores no mundo realiza atividades nesse setor.

- Os rebanhos de gado são criados soltos no pasto ou confinados. São praticadas no espaço rural também a criação de peixes (piscicultura) e a de aves (avicultura).

- O turismo rural é uma atividade alternativa para proprietários rurais e contribui para incentivar a conservação da vegetação natural.

- Atualmente, a atividade agrícola ocupa cerca de 12% das terras do planeta, e novas áreas passam a ser cultivadas gradativamente.

- Há variadas espécies vegetais e muitas maneiras de utilizar o solo, com diferentes formas de organização do trabalho e técnicas de cultivo.

- As atividades agrícolas podem ser de produção intensiva ou extensiva, e o modo de produção pode ser familiar ou comercial.

- Grandes áreas são ocupadas por pastagens para a criação de animais. Essa atividade pode ser intensiva ou extensiva.

- O agronegócio engloba a utilização de máquinas, equipamentos, instalações e ferramentas.

- Após a "Revolução Verde" na década de 1960, intensificou-se a mecanização do trabalho, a utilização de sistemas de irrigação, fertilizantes químicos e agrotóxicos, o plantio de sementes de alta produtividade e o plantio de sementes de alta produtividade.

- A modernização da agricultura prejudicou muitos pequenos produtores, que não conseguiram competir com o agronegócio, contribuindo para o êxodo rural.

- As pesquisas genéticas possibilitaram o uso de sementes transgênicas e o consumo de alimentos transgênicos.

- Uma grande questão para o campo é a concentração de terras. Para combater esse problema, movimentos sociais do campo lutam pela reforma agrária.

- A expansão da produtividade agrícola e da pecuária causa impactos no meio ambiente. Os agrotóxicos, por exemplo, contaminam o solo e as fontes de água.

- A alternativa a esse tipo de produção é a agroecologia, por meio da qual se busca conciliar a produção agrícola com a preservação do meio ambiente e com as necessidades dos pequenos produtores rurais e das famílias do campo.

- Na agricultura orgânica, não se utilizam agrotóxicos e fertilizantes químicos, preservando a biodiversidade.

1. Observe a imagem abaixo e complete o diagrama.

Trabalhador colhendo caqui no município de Jales (SP, 2016).

O campo também é chamado de espaço: _____.

Nele, são produzidos: _____
_____.

Como a produção do campo pode ser transformada?
_____
_____.

2. Complete as lacunas do texto com os termos abaixo.

| produção | culturais | distribuição | tecnologia | naturais | campo | rurais |

As paisagens _____ ou paisagens do _____ apresentam diferenças entre si. Essa diversidade é resultado de condições _____, das atividades econômicas desenvolvidas no local, das características _____ da população e da _____ das terras, ou seja, da concentração das propriedades. Essas paisagens também variam conforme o tipo de _____ utilizada na _____.

3. Indique no esquema três exemplos de elementos culturais.

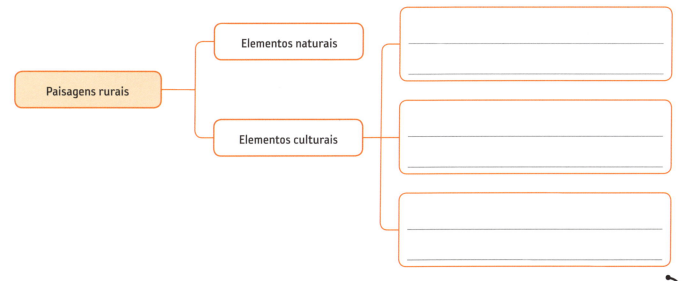

4. Classifique as alternativas em verdadeiras (V) ou falsas (F) e reescreva corretamente a(s) falsa(s).

a) ( ) A variedade de cultivos na agricultura é consequência de paisagens pouco alteradas e semelhantes no planeta todo.

b) ( ) A agricultura fornece alimentos, como grãos, sementes, legumes e frutas.

c) ( ) A indústria produz as matérias-primas para a fabricação de outros produtos, como combustíveis, tecidos e cosméticos.

d) ( ) A maior parte dos alimentos consumidos pelos seres humanos é derivada da agricultura, e um em cada três trabalhadores no planeta dedica-se a atividades agrícolas.

___

5. Relacione as colunas.

a) Pecuária. ( ) Atividade que contribui para a conservação da vegetação natural.

b) Piscicultura. ( ) Altera o relevo por meio da eliminação da vegetação e da remoção do solo.

c) Avicultura. ( ) Criação de animais feita de forma intensiva ou extensiva.

d) Extração mineral. ( ) Criação de aves.

e) Turismo rural. ( ) Criação de peixes.

6. Identifique a alternativa incorreta e faça sua correção.

a) A atividade agrícola abrange 12% das terras do planeta e cresce gradativamente.

b) Na agricultura, há cultivo de variadas espécies de vegetais com apenas uma forma de organização do trabalho.

c) Por meio das diversas técnicas utilizadas nos cultivos, os seres humanos modificam as paisagens rurais.

d) As atividades agrícolas podem ser agrupadas de acordo com o sistema de produção empregado: intensivo ou extensivo.

e) A produção agrícola é classificada em familiar ou comercial de acordo com a produtividade e o destino da produção.

___

7. Caracterize os tipos de agricultura retratados.

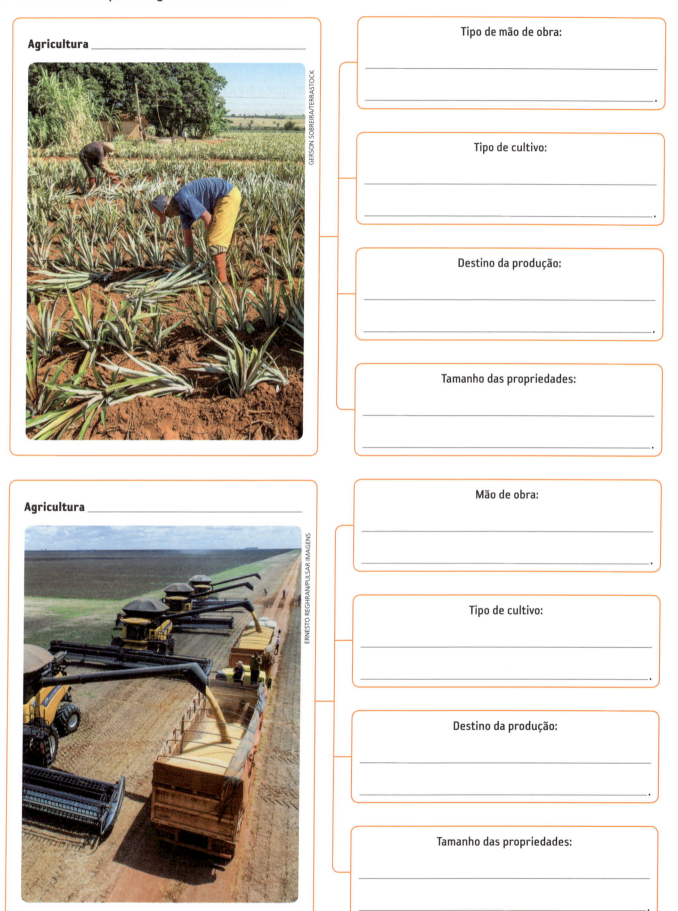

8. Assinale a alternativa que completa corretamente cada texto.

- As pastagens para a criação de animais ocupam
  - a) ( ) grande parte da área continental do planeta.
  - b) ( ) pequena parte da área continental do planeta.

- A área ocupada pela pecuária é
  - a) ( ) maior do que a área destinada a cultivos agrícolas no planeta.
  - b) ( ) menor do que a área destinada a cultivos agrícolas no planeta.

- O avanço da atividade agropecuária em novas áreas
  - a) ( ) não causa impacto no meio ambiente.
  - b) ( ) causa impacto no meio ambiente.

9. Relacione as colunas.

a) A pecuária familiar

b) A produção pecuária

c) A pecuária de corte

d) A indústria pecuária

e) A pecuária leiteira

( ) é baseada no modelo do agronegócio.

( ) é a criação de animais voltada para a produção de leite e derivados.

( ) pode ser classificada em intensiva ou extensiva.

( ) é a criação de animais para abate e aproveitamento da carne e do couro.

( ) é praticada por membros de uma família, geralmente em pequena escala.

10. Complete o quadro.

	Agricultura moderna	Agricultura tradicional
Recursos técnicos e tecnologia		

11. Relacione as colunas.

a) Revolução Verde.

b) Mecanização do trabalho.

c) Fertilizantes químicos.

d) Sementes de alta produtividade.

( ) Desenvolvidas por melhoramento genético, que aumenta a produtividade por hectare.

( ) Insumos produzidos industrialmente desde o começo do século XX e aperfeiçoados após a Segunda Guerra Mundial.

( ) Modernização intensa da agricultura após a década de 1960.

( ) Processo por meio do qual o trabalho humano é substituído por máquinas.

12. Complete as lacunas do texto com os termos abaixo.

> agronegócio   produção   espaço rural   agroindústrias   Revolução Verde   centros urbanos

Com a _____, na década de 1960, foram adotados métodos que tiveram profundos impactos no _____ de muitos países, como o Brasil. O sistema de _____ baseou-se, desde então, no modelo de _____, principalmente nas áreas próximas de _____ médios e grandes. As indústrias começaram a se instalar no espaço rural como complemento das atividades agropecuárias, dando origem às _____.

13. Classifique as alternativas em verdadeiras (V) ou falsas (F) e reescreva corretamente a(s) falsa(s).

a) ( ) A eficiência da produção aumentou globalmente por causa da modernização da agricultura.

b) ( ) A modernização da agricultura beneficiou os pequenos produtores familiares, que puderam utilizar as novas tecnologias.

c) ( ) A mecanização do trabalho e a modernização da agricultura possibilitaram a permanência dos moradores da zona rural no campo.

d) ( ) As propriedades familiares em muitos países são responsáveis pelo fornecimento de alimentos para a maioria dos habitantes do campo e da cidade.

_____
_____
_____
_____

14. Responda às questões.

a) Como são feitas as espécies transgênicas?

_____
_____
_____

b) Qual é o objetivo do uso de espécies transgênicas na agricultura moderna?

_____
_____
_____

15. Complete o esquema abaixo.

```
                    Problemas sociais do campo
       ┌──────────────────────┼──────────────────────┐
A situação de muitos       Os movimentos sociais    A distribuição de terras
moradores das zonas        do campo defendem:       é desigual, pois:
rurais é:
```

---

16. Classifique as alternativas em verdadeiras (V) ou falsas (F) e reescreva corretamente a(s) falsa(s).

a) ( ) Rios, lagos, represas e outros mananciais de água doce do planeta têm sido afetados pela poluição.

b) ( ) O uso de água para o plantio, as criações e a poluição são rigidamente controlados e não causam impactos ambientais negativos.

c) ( ) As atividades agropecuárias têm como consequência o desmatamento de várias regiões do planeta.

d) ( ) A ampliação dos pastos e das plantações não causa impacto nos variados tipos de vegetação, pois é desenvolvida de forma controlada.

e) ( ) O solo torna-se mais fértil quando fica exposto à ação dos ventos e da água, processo que ocorre quando a vegetação é retirada para plantio e aragem.

f) ( ) Um quinto da área usada para cultivo no planeta passa por processos de erosão e empobrecimento dos solos.

_____
_____
_____
_____
_____

17. Relacione as colunas.

a) A recomposição da vegetação natural em solos arenosos

b) O processo de arenização em superfície e a formação de areais

c) Queimadas, uso excessivo de fertilizantes e monoculturas sem a rotatividade de cultivos

d) A salinização

( ) são práticas que acarretam a perda da fertilidade do solo.

( ) resultado da irrigação de plantações, que acumula sais minerais no solo, levando à infertilidade.

( ) fragiliza os solos e dificulta o desenvolvimento de cobertura vegetal.

( ) é difícil de ocorrer de maneira natural, pois esses solos são pouco férteis.

18. Complete o diagrama com consequências ambientais do uso de agrotóxicos.

19. Responda às questões.

a) Cite pelo menos três práticas da produção agroecológica.

_____
_____
_____
_____
_____

b) O que é agricultura orgânica?

_____
_____
_____